La chimica per competenze: sviluppo di un powerpoint per l'UDA sulla pila

Tiziana Suriano

Supporto didattico

UNITÀ DI APPRENDIMENTO

Le pile dall'Ag allo Zn

DESTINATARI DELL'UDA E MOTIVI DELLA SCELTA

L'u.d.a. è progettata per le seconde classi di istituti tecnici industriali, fruibile per tutti gli indirizzi di tali istituti, per le seconde classi dei licei scientifici ad indirizzo scienze applicate e biotecnologico e per le seconde classi degli indirizzi degli istituti professional in cui la disciplina articolata nei due anni del biennio; il periodo previsto per la realizzazione è Maggio. La scelta è determinata dall'importanza che tale argomento ha per gli l'indirizzi di studi a cui è rivolta e la tempistica è scelta affinché risult perfettamente inserita nei tempi di programmazione previsti per tale corso di studi.

PREREQUISITI

Saper collocare nella tavola periodica gli elementi e conoscere la struttura elettronica del guscio di valenza;

Saper calcolare il numero di ossidazione degli elementi di un composto ed individuare in una redox le specie che si ossidano e quelle che si riducono;

Riconoscere una redox e saper operare il bilanciamento;

Saper attribuire secondo le regole IUPAC il giusto nome ai composti;

Saper riconoscere il tipo di legame nelle sostanze trattate (nello specifico il legame metallico e quello ionico);

Saper identificare le reazioni spontanee;

Conoscenza delle soluzioni;

Conoscere l'equilibrio chimico, le leggi che lo governano e saperne calcolare la costante.

COMPETENZE

A termine di questa unità di apprendimento gli alunni devono essere in grado di:

Saper progettare e costruire una pila atta ad alimentare un dato dispositivo;

Riconoscere in situazioni realistiche la possibilità di formazione di pile locali e individuare gli opportuni accorgimenti per evitarle;

Saper individuare in una situazione realistica l'agente che opera da Anodo e quello che opera da Catodo;

Osservare fenomeni casuali e non previsti, analizzarli fornendo spiegazioni plausibili e saperli gestire;

Saper individuare i corretti metodi di smaltimento dei dispositivi non più in uso.

Saper lavorare coscienziosamente in laboratorio con corrette modalità di manipolazione di apparecchiature e prodotti;

Competenza cardine attesa per questa unità di apprendimento:

Lo studente, osservando alcuni fenomeni naturali e alcune applicazioni tecnologiche, sa riconoscere in essi processi di tipo elettrochimico e sa darne un'interpretazione di tipo scientifico.

ABILITÀ

Definire una semicella descrivere il funzionamento, rappresentarla secondo le convenzioni, definire il potenziale di elettrodo;

Spiegare il significato del termine potenziale standard di elettrodo ed indicare come viene misurato;

Riconoscere il potere riducente/ossidante degli elementi attraverso la presenza di strati di valenza quasi vuoti o quasi pieni;

Descrivere i componenti di una pila, rappresentarla secondo le convenzioni e giustificare la funzione dell'anodo e del catodo;

Saper calcolare la differenza di potenziale di una pila a partire dai potenziali degli elettrodi;

CONTENUTI

L'equilibrio redox agli elettrodi e la formazione del doppio strato di Helmholtz;

Potere ossidante/riducente di una coppia;

Scala dei potenziali;

Semicelle e potenziali elettrodici standard;

La pila e i suoi componenti, la Daniell;

Differenza di potenziale in una pila chimica;

Pile a concentrazione e loro differenza di potenziale;

Pile e batterie nei dispositivi di uso comune;

Pericolosità ambientale delle sostanze componenti le pile e corretto smaltimento;

Operatività di laboratorio.

La scelta delle competenze, abilità e contenuti appena illustrati rientra in una didattica per competenze, nel pieno rispetto di quanto previsto dal MIUR per l'asse scientifico e per le competenze da sviluppare nei bienni degli istituti industriali e professionali, come ben illustrato dalla tabella seguente in cui si evidenzia come il tutto sia funzionale anche allo sviluppo delle competenze di cittadinanza

Comp etenz e	cittadinanza		Competenze d'asse		Abilità		Conoscenze
C1	Imparare a imparare	S1	Osservare, descrivere ed analizzare fenomeni appartenenti alla realtà naturale ed artificiale e riconoscere nelle sua varie forme i concetti di sistema e di complessità	A	Analizzare la frequenza con cui le reazioni di ossidoriduzione avvengono nell'ambiente. Riconoscere il potere riducente o ossidante di elementi attraverso la presenza, nei loro atomi, di strati di valenza quasi vuoti o quasi pieni. Usare il concetto di mole come ponte tra il livello macroscopico delle sostanze ed il livello microscopico degli ioni.	a	Il reticolo metallico e le sue trasformazioni chimiche in soluzione. L'equilibrio redox e la formazione del doppio strato di Helmholtz. Potere ossidante e riducente di una coppia redox.
C2	Comunicare						
C3	Individuare collegamenti e relazioni	S2	Analizzare qualitativamente e quantitativamente fenomeni legati alle trasformazioni di energia a partire dall'esperienza		Saper scegliere l'opportun criterio qualitativo per individuare una sostanza che può agire da ossidante o da riducente. Utilizzare la tabella dei potenziali di riduzione standard, per stabilire la spontaneità di una reazione. Calcolare il voltaggio di una pila mediante i potenziali di riduzione standard. Descrivere il funzionamento di una pila, giustificando la	b	Scala de potenzial redox. Semicelle e potenziali elettrodici standard. Le pilee la pila Daniell. Il ruolo del ponte salino. Il potenziale elettrochim. di un elettrodo. Differenze di potenziali in una pila chimica. Pile a concentrazione. Differenze di potenziale in pile a concentrazione.

				funzione dell'anodo e del catodo.		

Agire in modo C4	S3 autonomo e consapevole	Essere consapevole	C delle potenzialità e dei limiti tecnologici	Essere in grado di scegliere	c quale opportuna semicella accoppiare ad una assegnata per alimentare un dato dispositivo. Conoscere la pericolosità ambientale e gli opportuni metodi di smaltimento delle pile. Saper scegliere i dispositivi più ecocompatibili. Imparare ad osservare sia i fenomeni previsti dalle attività di laboratorio, sia quelli non previsti e casuali, imparando a gestire questi ultimi con il supporto del docente. Apprendere	Pile e batterie nei	dispositivi di uso comune. Applicazioni pratiche da quelle più utili a quelle più fantasiose. Pericolosità ambientale delle sostanze componenti le pile e corretto smaltimento Strumentazioni di laboratorio. Operatività di laboratorio. Sicurezza in laboratorio

				coscienziosamente le modalità di manipolazione delle apparecchiature e dei prodotti di laboratorio per usarli correttamente ed evitare eventuali pericoli dovuti ad un uso improprio.		

STRUMENTI, SPAZI E TEMPI

Strumenti:

Sussidi audiovisivi;

Testo scolastico,

   mappe concettuali,

   ricerche in rete;

LIM;

Lavagna;

Computer;

Spazi:

Aula multimediale;

Aula didattica;

Laboratorio di chimica;

Tempi:

6h di lezione frontale (visione filmato, lezione tradizionale alla lavagna, proiezione PowerPoint);

3h di attività collettiva (feedback con discussione collettiva, brainstorming, cooperative learning);

3h di esperienze in laboratorio (reattività metalli in HCl, realizzazione pila chimica, realizzazione pila a concentrazione);

2h per verifica prerequisiti e interventi di chiarimento

2h verifica sommativa

2h consegna verifiche, chiarimenti e interventi di recupero

MODALITÀ DI INTERVENTO

In un percorso tradizionale, partendo dalle reazioni redox, si giunge alla scala dei potenziali standard di riduzione e infine alle pile.

In tal modo gli studenti non colgono nel loro quotidiano esempi di redox o di pile presenti in natura. I contenuti non contestualizzati, vengono insegnati tal quale e diventano essi il perno dell'azione didattica.

L'esito: gli studenti non comprendono l'utilità della chimica in relazione alla loro quotidianità e alle sue applicazioni tecnologiche.

Di contro una metodologia che parta dall'osservazione e dall'analisi critica del quotidiano, permette agli studenti di formulare ipotesi sino poi a giungere al razionale scientifico che spiega quanto preso in esame.

Allo scopo agli studenti verrà proposto un testo stimolo che mostri esempi di pile presenti in natura e di loro applicazioni.

Il fine di tale scelta è in primo luogo svegliare negli allievi la curiosità che susciti la voglia di conoscere e di capire; ottenuto ciò spingerli all'osservazione e alla riflessione che gli permetta di interpretare quanto ordinariamente vissuto.

SVILUPPO E METODOLOGIE DIDATTICHE

L'intervento didattico viene preceduto da una verifica sui prerequisiti;

L'uda inizia attraverso un testo stimolo che consiste nella visione di un filmato e di alcuni file, al fine di incuriosire i ragazzi e ottenere l'attenzione di tutti;

L'ANGUILLA CHE ACCENDE L'ALBERO DI NATALE

Invenzione della South Carolina University: una maglietta in grado di caricarsi, e ricaricarsi, di energia elettrica. La maglietta, viene immersa in una soluzione di fluoruro, asciugata e cotta in forno ad alta temperatura. Il risultato: le molecole di cellulosa si trasformano in carbone attivo (peso, forma flessibilità, restano inalterate). Ricoprendo, la T-Shirt con ossido di manganese si ottengono prestazioni migliori.

Ottenere energia elettrica dai batteri. Il primo prototipo di batteria azionata da microrganismi è stato costruito da bioingegneri dell'università di Stanford. I batteri sono immersi in una vasca di acqua inquinata e digerendo tali sostanze rilasciano energia elettrica. Questo lo studio descritto sulla rivista Pnas dai ricercatori Americani

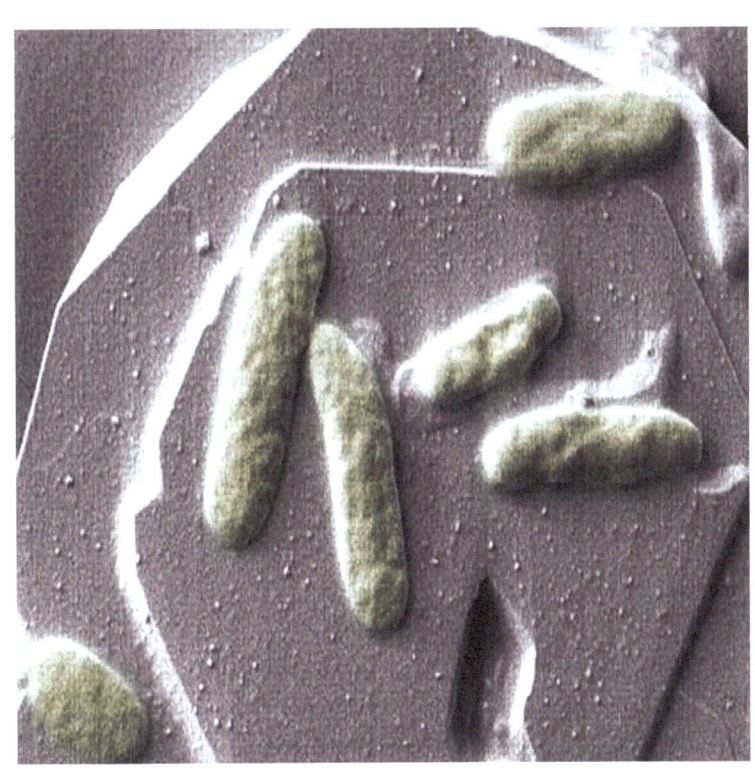

SVILUPPO E METODOLOGIE DIDATTICHE

L'intervento didattico viene preceduto da una verifica sui prerequisiti;

L'uda inizia attraverso un testo stimolo che consiste nella visione di un filmato e di alcuni file, al fine di incuriosire i ragazzi e ottenere l'attenzione di tutti;

I tempi dedicati alle lezioni frontali tradizionali sono ridotti più possibile; alla lezione frontale fa seguito sempre altro tipo di attività didattica che coinvolga i ragazzi ponendoli in un ruolo attivo nel sistema insegnamento-

apprendimento;

Presentazione in PowerPoint, di cui si presentano giusto due diapositive indicative, proposta dopo aver introdotto le conoscenze teoriche, utile a collegare gli argomenti esposti e completarli con la spiegazione della pila Daniell;

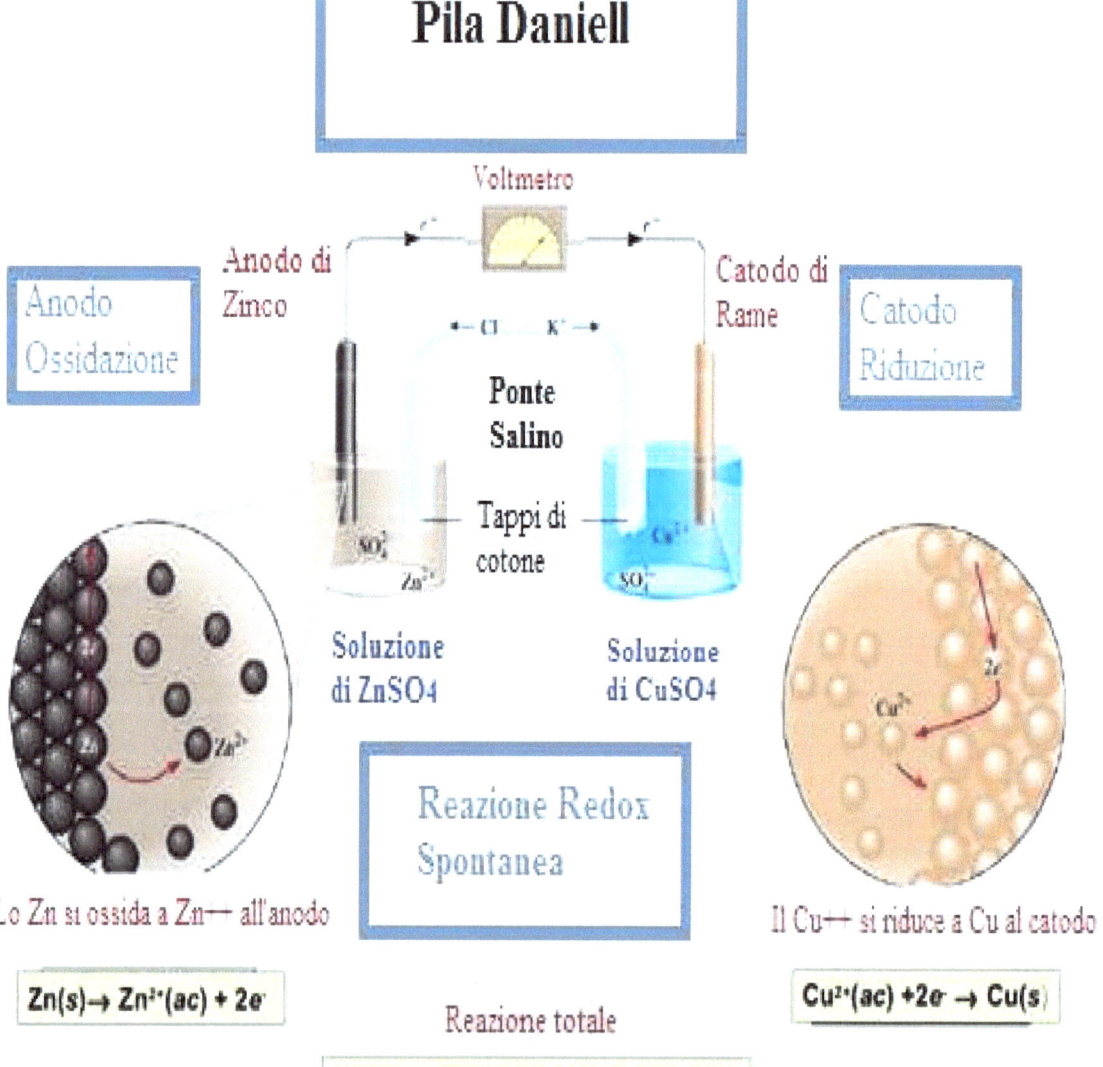

Pila Daniell

Voltmetro

Anodo di Zinco

Catodo di Rame

Anodo Ossidazione

Catodo Riduzione

Cl⁻ K⁺

Ponte Salino

Tappi di cotone

SO₄²⁻

Zn²⁺

Cu²⁺

SO₄²⁻

Soluzione di ZnSO4

Soluzione di CuSO4

Reazione Redox Spontanea

Lo Zn si ossida a Zn→ all'anodo

Il Cu→ si riduce a Cu al catodo

$Zn(s) \rightarrow Zn^{2+}(ac) + 2e^-$

$Cu^{2+}(ac) + 2e^- \rightarrow Cu(s)$

Reazione totale

$Zn(s) + Cu^{2+}(ac) \rightarrow Zn^{2+}(ac) + Cu(s)$

Nel 1980 è stata inventata la pila NiMH, un accumulatore costituito da nichel e idruri metallici, per M si intende un composto intermetallico del tipo $LaNi_5$.
Ancora più recente è la costruzioni di nuovi accumulatori, per dispostivi più leggeri, nei quali il catodo è costituito da un ossido di litio e manganese, ed è accoppiato ad un anodo di grafite e litio a composizione variabile. Queste hanno voltaggio intorno a 3-4 V in base al tipo di ossido usato.

Presentazione in PowerPoint, di cui si presentano giusto due diapositive indicative, proposta dopo aver introdotto le conoscenze teoriche, utile a collegare gli argomenti esposti e completarli con la spiegazione della pila Daniell;

Feedback, attraverso discussione collettiva, su quanto sviluppato, con chiarimento di eventuali dubbi, se necessario, e conseguente fissazione dei pti acquisiti;

Presentazione mappa concettuale ad uso di schema e riepilogo sulle pile chimiche;

Mappa concettuale

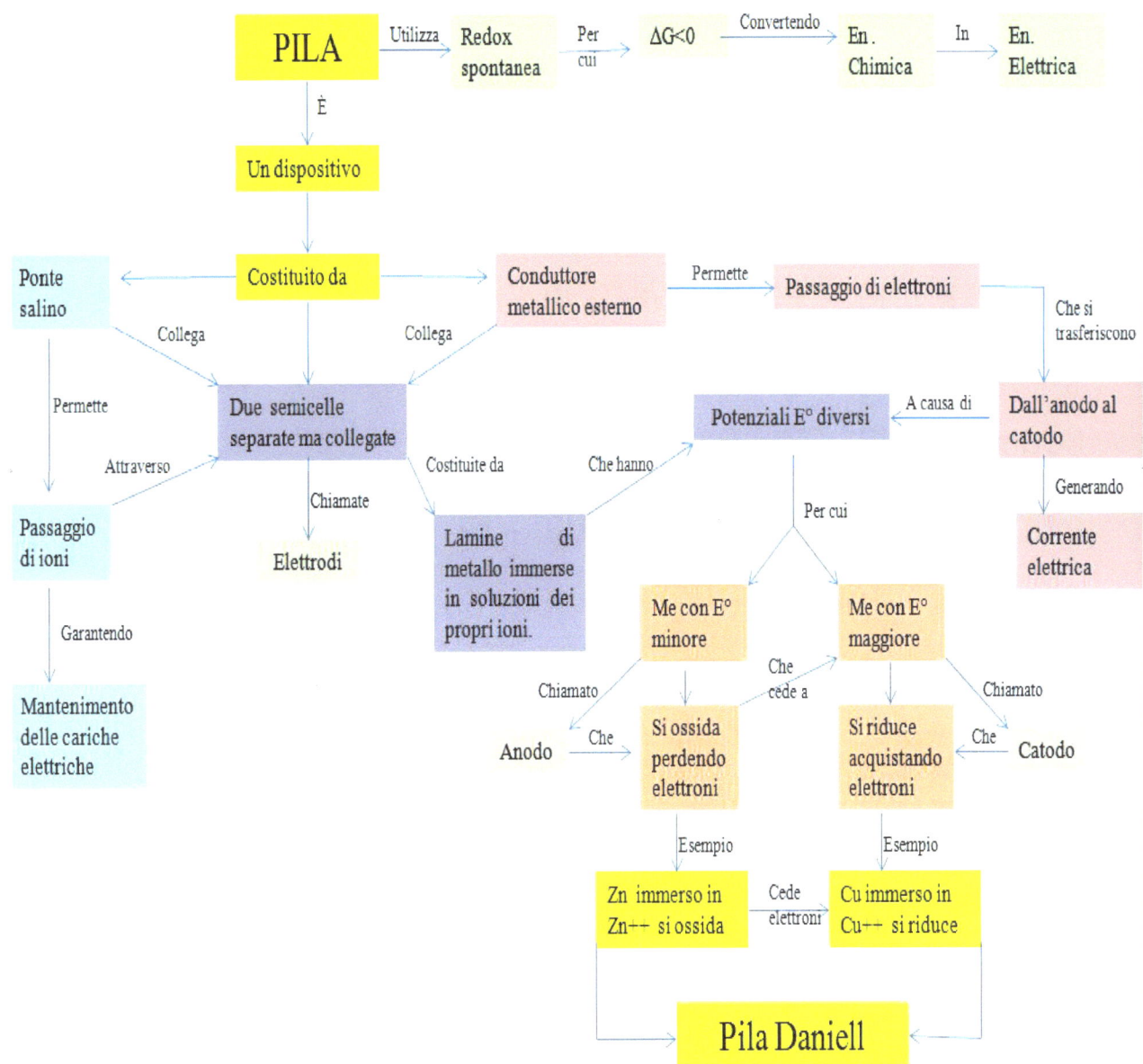

Ricerca in rete effettuata in aula multimediale, in coppia, sulle pile a concentrazione e successiva discussione di confronto tra le varie coppie sotto la mia guida. Il fine è promuovere in loro l'abilità di applicare gli argomenti già acquisiti in un nuovo contesto, cogliendo analogie e differenze;

Cooperative learning effettuato in gruppi da quattro alunni per effettuare un problem solving, allo scopo di sviluppare nei ragazzi l'insieme dei processi atti ad analizzare, affrontare e risolvere positivamente situazioni problematiche;

Esperienze laboratoriali:

Reattività dei metalli: Mg, Zn, Sn e Cu in HCl al 30% (acido muriatico). Esperienza utile per introdurre e capire la scala dei potenziali standard e comprendere il verso dello spostamento degli elettroni quando due semicelle vengono collegate attraverso il circuito esterno;

Realizzazione della pila Daniell, per visualizzare quanto spiegato attraverso lezione frontale e presentazione di PowerPoint;

Realizzazione di una pila a concentrazione per completare quel segmento dell'uda che li ha visti artefici del loro apprendimento

Verifica sommativa

1.Potere riducente dei metalli

Obiettivo: I ragazzi sperimentano la diversa reattività dei metalli in HCl. Analizzando ed interpretando le diverse situazioni pervengono ai concetti di ossidazione e riduzione ma soprattutto al concetto di tendenza all'ossidazione e alla riduzione e quindi alla scala dei potenziali.

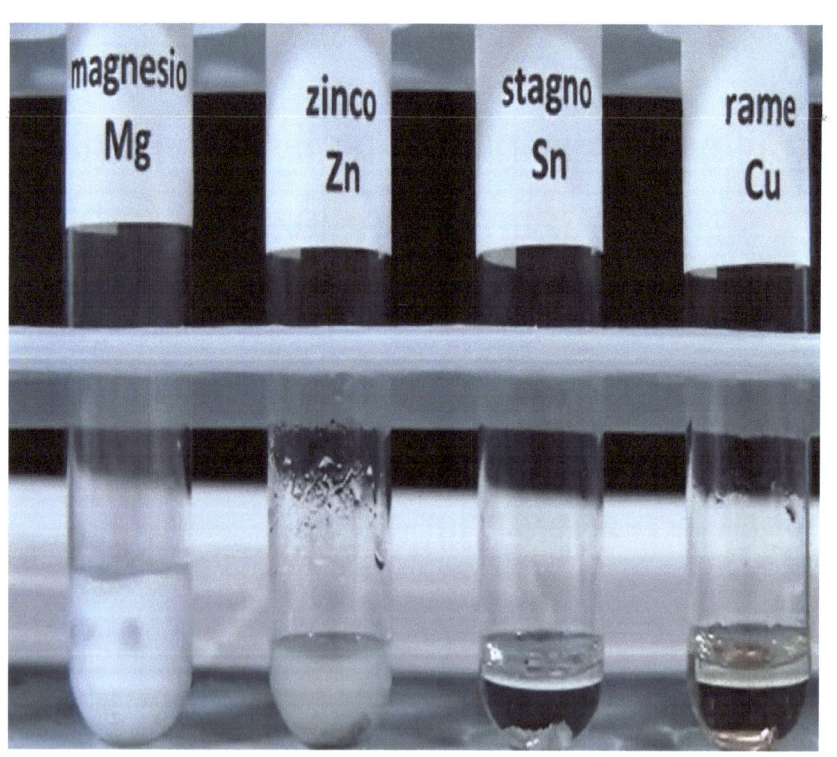

2. Pila Daniel

Obiettivo: I ragazzi realizzando la pila, attraverso il confronto dei potenziali, capiscono perché la lamina di Zn si consuma mentre quella di Cu aumenta in spessore.

Ai ragazzi viene consigliato di scattare fotografie perché avere a disposizione le immagini vuol dire:
Poterci lavorare su per ripassare, per consolidare o proprio per capire;

Avere materiale da utilizzare per approfondimenti o come documentazione nelle relazioni di laboratorio;

Aiuta a collegare quanto studiato a situazioni reali di deterioramento di strutture metalliche.

3.Pila a concentrazione

Obiettivo: I ragazzi confrontando la pila chimica con la pila a concentrazione, sono indotti ad analizzare analogie e differenze e ad interpretare i risultati ottenuti alla luce di tali differenze e ad ipotizzare le ragioni di scarica della pila.

Inoltre fare l'esperienza più volte e rimaneggiare gli strumenti permette di fissare meglio tutti i passaggi.

VALUTAZIONE DELLA VERIFICA

Valutata secondo il conseguimento degli obiettivi già illustrati, della partecipazione individuale e del comportamento in relazione al rispetto delle regole condivise

Descrittori	Indicatori	Voti
Conoscenza degli argomenti	Eccellente	10/9
	Adeguato	8/7
	Basilare	6/5
	Parziale	4/3
Applicazione	Eccellente	10/9
	Adeguato	8/7
	Basilare	6/5
	Parziale	4/3
Elaborazione	Eccellente	10/9
	Adeguato	8/7
	Basilare	6/5
	Parziale	4/3
Capacità logiche e argomentative	Eccellente	10/9
	Adeguato	8/7
	Basilare	6/5
	Parziale	4/3

Valutata secondo il conseguimento dei livelli EQF in ordine alla competenza chiave:

Lo studente, osservando alcuni fenomeni naturali e alcune applicazioni tecnologiche, sa riconoscere in essi processi di tipo elettrochimico e sa darne un'interpretazione di tipo scientifico.

1	2	3	4
Svolge compiti semplici sotto la diretta supervisione	Lavora sotto supervisione diretta con una certa autonomia	Assume la responsabilità dello svolgimento del lavoro	Sa autogestirsi entro linee guida in contesti anche soggetti a cambiamento
Osserva semplici fenomeni riconoscendo le caratteristiche più significative, comprende le interpretazioni fornite dal docente, utilizza schemi di lavoro già predisposti.	Osserva e distingue i fenomeni cogliendone gli elementi significativi e le interazioni più evidenti, con dati raccolti individua possibili interpretazioni, costruisce e applica schemi semplici di lavoro.	Osserva con attenzione fenomeni individuandone le variabili, cogliendo relazioni e collegamenti, elabora i dati qualitativi e quantitativi. Costruisce e applica schemi di lavoro-ricerca, progetta semplici esperienze	Osserva con senso critico, riconosce le relazioni causa effetto, effettua confronti. Interpreta in modo personale i dati dell'analisi, utilizza in modo originale modelli e schemi. Progetta esperienze di laboratorio anche impegnative.

MODULAZIONE DELL'UDA PER UN DIVERSABILE DI LIEVE ENTITÀ

Attuare tutte le semplificazioni utili a non disorientare l'alunno visto l'ampio respiro dell'uda:

Fornire sin da subito uno schema che gli permetta di mantenere l'attenzione sui concetti principali e orientarsi durante il percorso;

In un secondo momento gli verrà fornita una mappa concettuale semplificata, affinché per lui rappresenti uno schema riassuntivo.

MAPPA CONCETTUALE SEMPLIFICATA

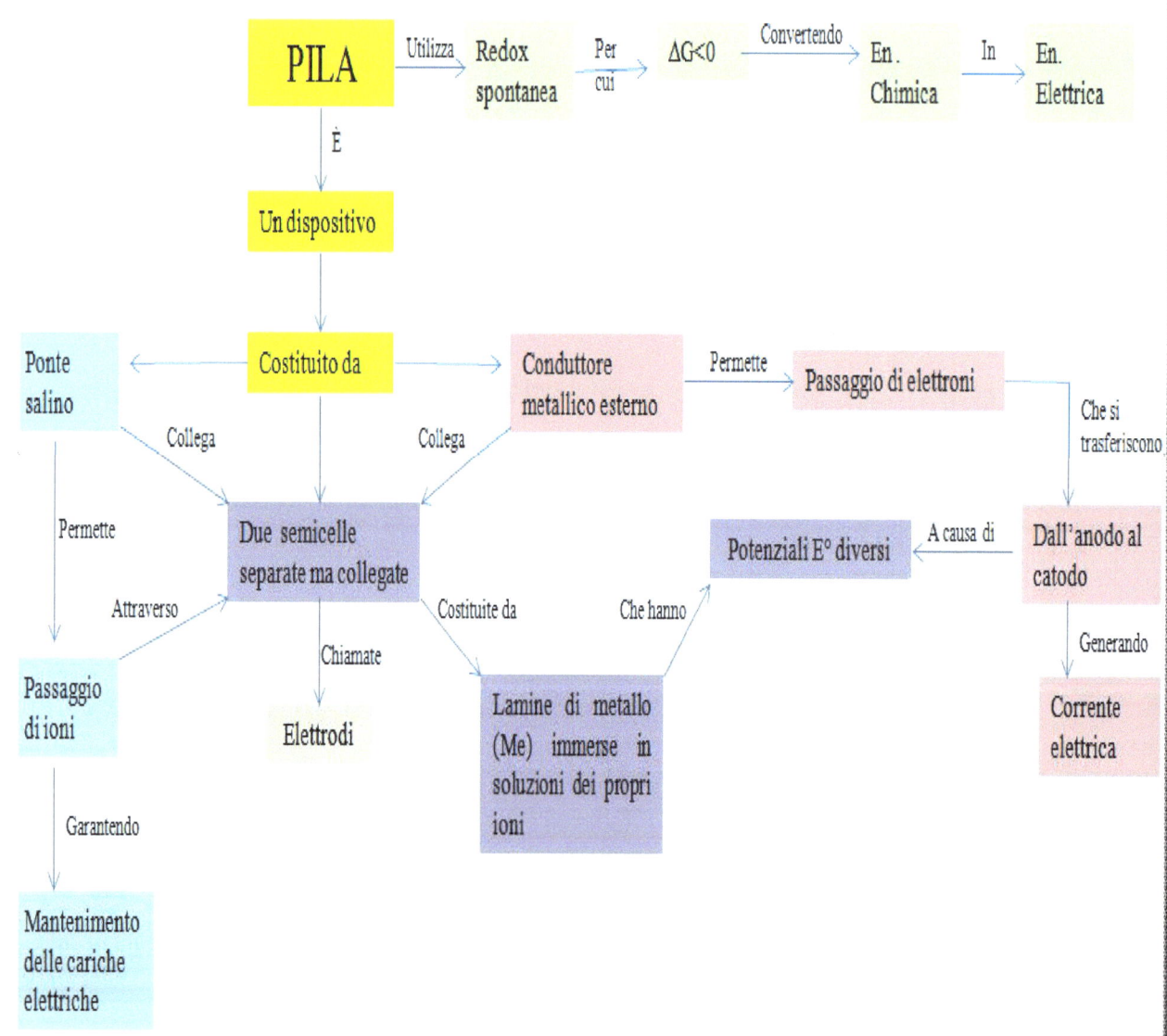

Pogrammare di seguire il ragazzo, unitamente all'insegnante di sostegno, anche in momenti differenti al di fuori della classe per puntualizzare e all'occorrenza chiarire i punti più complessi

La visione del PowerPoint lo aiuterà molto a fissare i punti cardine, così come anche il cooperative learning e i feed back per la fissazione dei punti acquisiti, svolti unitamente alla classe.

La verifica dei prerequisiti come la verifica sommativa verrà preparata riducendo il numero di esercizi proposti e permettendo l'uso dello schema così come della mappa concettuale.

Scheda laboratorio:
Pila Daniell

Materiale occorrente

Tubo di vetro/plastica/carta da filtro

Due becher da 100 ml

Voltmetro

Lamina di Zn

Lamina di Cu

Soluzione satura di KCl

Soluzione 1M di $ZnSO_4$

Soluzione 1M di $CuSO_4$

Schema dispositivo

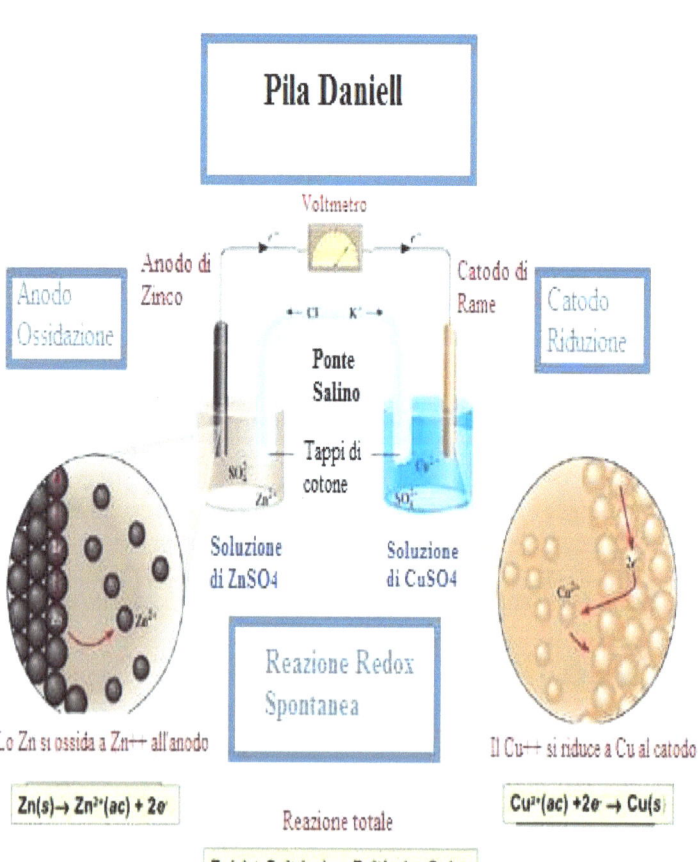

Procedimento

Riempire un becher con 50 ml della soluzione $ZnSO_4$ e immergervi la lamina di Zn
Riempire l'altro becher con 50ml della soluzione di $CuSO_4$ e immergervi la lamina di Cu
Riempire il tubo di vetro ad U (alternativamente imbevere della carta da filtro) con la soluzione satura di KCl e mettere in contatto le due soluzioni tramite il ponte salino cosi realizzato
Collegare Anodo e Catodo della pila (cioè elettrodo di Zn e Cu rispettivamente) con il polo negativo e il polo positivo del Voltmetro

Cosa osserviamo

•Il voltmetro registra un voltaggio di circa 1.1V
•Si osserva un aumento della massa dell'elettrodo di Cu (per deposizione degli ioni Cu^{++}) e una riduzione della massa dell'elettrodo di Zn (per ossidazione dello zinco metallico).

Conclusioni

La pila costruita sulla base di una redox spontanea è in grado di fornire energia elettrica.

Verifica

Scrivere lo schema della pila, calcolare la differenza di potenziali in base ai potenziali standard delle coppie redox e confrontarlo con il voltaggio misurato dallo strumento, quindi calcolare l'efficienza della pila realizzata.

A termine dell'esperienza si inserisca la lamina di Zn nella soluzione di solfato di rame 1 M e si noti cosa accade dopo solo qualche minuto.

Cosa osserviamo

La lamina di Zn si è ricoperta di Cu metallico.

Verifica

Spiegate quanto accaduto esponendo un confronto tra la redox avvenuta nel becher e nella pila Daniell precedentemente realizzata.

Scheda laboratorio:
pila a concentrazione

Materiale occorrente

Due becher da 100

ml Tubo di vetro

Voltmetro

Due lamine di rame

Soluzione 1M di $CuSO_4$

Soluzione 2 mM di $CuSO_4$ (per ottenere la soluzione 2 mM occorre prelevare 100μl della soluzione 1M e portarli a 50ml con acqua distillata)

Soluzione satura di KCl

Cosa osserviamo
Si misura una piccola f.e.m.

Conclusioni
Anche se il voltaggio misurato è molto basso, è possibile ottenere corrente elettrica da una pila costituita da due semicelle galvaniche contenenti la medesima specie chimica a due concentrazione diverse.

Verifica
Scrivere le reazioni che si sviluppano agli elettrodi e la reazione complessiva. Descrivere cosa effettivamente sta avvenendo nella pila ed ipotizzare la condizione per cui la pila si scarica.

"Fare dono della cultura è fare dono della sete. Il resto sarà una conseguenza"

Antoine de Saint-Exupery

SITOGRAFIA

www.youtube.com/watch?v=TZzb5RYVUTo

www.focus.it/ambiente/.../**la-t-shirt-accumula-energia**-e-ricarica-il-cellula.

http://www.focus.it/scienza/energia/virus-dai-batteri-alle-batterie

http://www.rinnovabili.it/energia/efficienza-energetica/bio-batterie-batteri-600/

www.istitutogiulio.it/.../**ASSI**%20culturali%20e%20OCSE%20PISA.ppt

www.liceosalvemini.it/attachments/article/42/**Pile**%20e%20elettrolisi.**ppt**

BIBLIOGRAFIA

"Fare chimica", Passananti-Sbriziolo; Editrice Tramontana

www.ingramcontent.com/pod-product-compliance
Lightning Source LLC
Chambersburg PA
CBHW051058180526
45172CB00002B/687